R
1891L

28
1905

CARNET

DE

RÉSUMÉS

DE

Leçons de Sciences Physiques et Naturelles

Au Cours Moyen des Écoles Primaires

PAR

E. LEPRINCE

INSTITUTEUR

Prix : 0 fr. 45

MEAUX

LIBRAIRIE GÉNÉRALE DES ÉCOLES

MANSUY-BRION

1903

CARNET

DE

RÉSUMÉS

DE

Leçons de Sciences Physiques et Naturelles

Au Cours Moyen des Écoles Primaires

PAR

E. LEPRINCE

INSTITUTEUR

Prix : 0 fr. 45

MEAUX

LIBRAIRIE GÉNÉRALE DES ÉCOLES

MANSUY-BRION

—

1903

8° R
18 14

Imprimerie COTONNEC, LEPRINCE Succ. - QUIMPER

BIBLIOTHÈQUE NATIONALE IMPRIMÉS

L. FUSY

INSPECTEUR PRIMAIRE

HOMMAGE RESPECTUEUX

CARNET

de Résumés de Sciences Physiques et Naturelles

SEPTEMBRE-OCTOBRE

PREMIÈRE LEÇON

Les trois règnes de la nature.

Les êtres qui se trouvent sur la terre sont très nombreux. On les classe en trois grands groupes appelés les *trois règnes de la nature* : animaux, végétaux, minéraux.

Les *animaux* vivent (c'est-à-dire naissent, croissent et meurent), sentent et se meuvent : mon chat, un moineau, le hareng, un papillon, etc.

Les *végétaux* vivent, mais ne sentent pas et ne se meuvent pas : l'arbre, cette plante, un chou, etc. Ils sont généralement de couleur verte.

Les *minéraux* ne vivent pas. On les appelle encore *corps bruts* ou *inorganiques*. Tels sont : le caillou, l'argile, le grès, l'eau, la vapeur, l'air.

2ᵉ LEÇON

Les trois états des corps.

Les minéraux peuvent être *solides, liquides* ou *gazeux*.

Les solides ont un volume et une forme.

Les liquides ont un volume mais pas de forme autre que celle du vase qui les contient.

Les corps gazeux, *gaz et vapeurs*, n'ont ni volume ni forme. On peut leur faire occuper un volume plus grand ou plus petit.

On peut faire changer certains corps d'état, en les chauffant ou en les refroidissant. En chauffant, les solides *fondent (fusion)* et les liquides *s'évaporent (évaporation)* ou *bouillent (ébullition)*. — Par le refroidissement certains gaz et les vapeurs donnent des liquides *(liquéfaction, condensation)* et les liquides deviennent solides *(solidification)*. Ces propriétés sont utilisées dans l'industrie : les moulages, le verre, la glace, la distillation, etc.

Devoirs. — I. Exemples de fusion ignée, de dissolution, d'évaporation, etc, pris dans la vie usuelle. — II. Exemples de moulages. La matière et les moules. — III. La distillation.

<h2 style="text-align:center">3e LEÇON</h2>

<h3 style="text-align:center">Phénomènes physiques et chimiques. — Corps simples, corps composés.</h3>

La chute d'une pierre, la fusion du plomb, la dissolution du sucre, l'ébullition de l'eau, l'aimantation d'une plume, sont des *phénomènes physiques*. On retrouve le corps tel qu'il était avant l'expérience.

Le fer, le plomb et le soufre brûlés, la craie chauffée, le fer dissous dans l'acide, ont présenté des *phénomènes chimiques*. On ne retrouve plus immédiatement le corps tel qu'il était.

Les corps *simples* sont ceux qu'on ne peut décomposer. Les métaux, le charbon, le soufre, le chlore, l'oxygène sont des corps simples.

Les corps *composés* sont formés de plusieurs corps

simples. Tels sont l'argile, le plâtre, l'eau, l'alcool, le gaz d'éclairage.

Devoirs. — I. Trouvez des phénomènes physiques. — II. Citer des phénomènes chimiques. — III. Citer une série de corps simples et dire ce que l'on sait de chacun d'eux : aspect, couleur, propriété, provenance, etc. — IV. Même devoir pour les corps composés.

4e LEÇON

L'eau.

L'eau est à l'état de vapeur, à l'état solide ou glace, à l'état liquide ou eau proprement dite. On trouve ce liquide dans les sources, les puits, les mares, les cours d'eau, la mer.

Le soleil échauffant surtout l'eau de la mer en convertit une partie en vapeurs, en *nuages* que le vent promène. Refroidis, ils se condensent et la *pluie* tombe. La pluie donne naissance aux cours d'eau ordinaires et aux cours d'eau souterrains.

Outre son utilité pour les plantes et comme boisson de l'homme et des animaux, l'eau porte les bateaux et fait tourner des moulins, des usines.

Pour avoir de l'eau pure, on la distille. L'eau est une combinaison de deux gaz : l'*hydrogène* et l'*oxygène*.

Devoirs. — I. La pluie. — II. Histoire d'une goutte d'eau. — III. Utilité de l'eau.

5e LEÇON

L'hydrogène.

L'hydrogène est un gaz incolore et inodore.

Il est très inflammable. Mélangé à l'air, il cause des explosions qui peuvent devenir dangereuses. En *brûlant*, il donne de la *vapeur d'eau*.

Il est très léger. Il pèse 14 fois et demie moins que l'air. De là son emploi pour certains ballons.

Il passe facilement au travers des corps poreux.

On a pu le liquéfier par le plus grand froid que les hommes puissent produire et avec une pression énorme (140° et 650 atmosphères).

Devoir. — Racontez l'une des expériences sur l'hydrogène qui vous ont le plus frappé.

6ᵉ LEÇON

L'oxygène.

L'oxygène est un gaz incolore, inodore et un peu plus lourd que l'air.

Il rallume un charbon presque éteint et brûle vite ou lentement la plupart des substances et des métaux.

Il est indispensable à la vie.

En brûlant 1 gramme d'hydrogène, 8 grammes d'oxygène donnent 9 grammes d'eau.

Il y a beaucoup d'oxygène dans l'air.

Devoir. — Combustions dans l'oxygène.

7ᵉ LEÇON

Grisou. - Gaz d'éclairage. — Ballons.

L'hydrogène existe encore, combiné avec le charbon, dans certains gaz inflammables et explosifs tels que le *gaz d'éclairage* et le terrible *grisou* des mines de houille.

On obtient le premier en distillant la *houille*. Il est employé pour l'éclairage et pour le chauffage. On a aussi des moteurs à gaz. Enfin il sert à gonfler les ballons.

Ceux-ci sont d'énormes sacs en étoffe vernie, remplis d'hydrogène ou de gaz d'éclairage avec lesquels on peut s'élever dans l'*atmosphère*. Les voyageurs ou *aéronautes* avec leurs instruments et leurs provisions se placent dans la *nacelle*, grand panier carré suspendu sous le ballon. Les ballons ont beaucoup servi pendant le siège de Paris. On cherche à construire des *ballons dirigeables*.

Devoirs. — I. Une explosion de grisou (après lecture). — II. Le gaz d'éclairage. — III. Un ballon. — IV. Un voyage en ballon.

8ᵉ LEÇON

L'eau potable. — Eaux minérales.

L'eau est notre principale boisson, la plus saine et la moins coûteuse.

Toutes les eaux ne sont pas bonnes à boire. Il faut clarifier ou épurer, filtrer celles qui sont mauvaises.

L'eau potable est limpide, fraîche, sans odeur, d'une saveur agréable ; elle cuit les légumes et dissout le savon.

En temps d'épidémie (choléra, fièvre typhoïde, etc.), il est prudent de ne boire que de l'eau bouillie.

On trouve des eaux *thermales*, c'est-à-dire qui sont chaudes en sortant du sol, et des eaux *minérales*, renfermant des matières qui les font employer en médecine.

Devoirs. — I. L'eau potable. — II. D'où vient l'eau des sources ? — III. Comment rendre potables certaines eaux ?

9ᵉ LEÇON

Fermentation. — Le vin.

Toutes les matières organiques, à l'air, se détruisent, se transforment en d'autres substances. Les feuilles deviennent du terreau.

Beaucoup de ces transformations sont dues à de petits champignons appelés *ferments*. Tels sont la *levure de bière*, la *mère du vinaigre*, les *ferments alcooliques*. Les transformations ainsi produites sont des *fermentations*. La fermentation alcoolique est la plus connue.

Le *vin* est une boisson alcoolique faite avec le fruit de la vigne. Les raisins écrasés fermentent pendant une dizaine de jours. Alors, de gris, trouble et sucré qu'il était, le jus est devenu rouge, clair et alcoolique.

On le conserve dans des fûts bien propres.

Le vin est une bonne boisson, mais il en faut prendre très peu.

Devoirs. — I. Le vin. — II. La fermentation alcoolique.

10ᵉ LEÇON

Cidre. — Bière.

Le *cidre* est fabriqué avec le jus des pommes. On écrase ces dernières, puis on les presse. Le jus jaunâtre, épais et sucré qui sort, par la fermentation devient plus clair et alcoolique.

C'est la boisson ordinaire en Normandie et en Bretagne. Le cidre de poires se nomme *poiré*.

La *bière* est faite avec de l'orge. Les grains sont

mis à germer, puis on les sèche rapidement. Ils ont alors une saveur *sucrée*. On les moud et on les met dans de l'eau chaude qui dissout le sucre formé et devient *le moût*. Ce moût refroidi est conduit dans des caves et on l'y fait fermenter en semant dessus de la *levure de bière*. On y a ajouté du houblon qui facilite la conservation de la bière.

C'est la boisson ordinaire des Allemands, des Anglais et des peuples du Nord.

Devoirs. — I. Le cidre. — II. Le pressoir. — III. La bière. — IV. Transformation d'un grain d'orge. — V. Usages de la levure de bière.

IIe LEÇON

L'Air.

L'air est le gaz dans lequel nous vivons. Il enveloppe la terre d'une couche nommée *atmosphère*. C'est un mélange des gaz *oxygène* (1/5) et *azote* (4/5). On y trouve aussi de la vapeur d'eau, de l'acide carbonique et des poussières parfois dangereuses.

L'azote n'entretient pas la vie. Il modère l'action de l'oxygène.

Un litre d'air pèse 1 gr. 3.

Par son oxygène, l'air entretient la respiration et la combustion.

Les *vents* sont de grands courants d'air qui promènent les nuages, purifient l'atmosphère des villes, actionnent les moulins, poussent les navires à voiles.

L'air *comprimé* a une grande force que l'on utilise. Quand on retire l'air d'un vase, on y fait le *vide*.

Devoirs. — I. Montrer qu'il y a de la vapeur d'eau dans l'air. — II. Les vents. — III. L'air comprimé, ses usages.

12e LEÇON

Pression atmosphérique. — Baromètre.

L'atmosphère presse sur la terre, car l'air est pesant. C'est là la *pression atmosphérique* évaluée par centimètre carré à plus d'un kilogramme, soit à une colonne d'eau de 10 m. 33, ou de mercure de 0 m. 76. Elle varie souvent.

Le *baromètre* est un instrument qui sert à la mesurer. C'est un tube de verre fermé par le haut et presque rempli par une colonne de mercure qui monte ou descend.

Le baromètre sert à prévoir le temps. En effet, quand il *baisse rapidement*, on peut s'attendre à de la pluie. *Monte-t-il lentement?* C'est signe de beau temps.

Il sert aussi à mesurer la hauteur des montagnes et l'élévation des ballons.

On construit des baromètres métalliques qui avec une aiguille indiquent les changements de pression.

Devoirs. — I. Décrire un baromètre. — II. Expériences basées sur la pression atmosphérique.

13e LEÇON

Pompes. — Siphon.

La pression atmosphérique fait monter les liquides dans les tuyaux dont on aspire l'air, dans les pompes, dans les siphons.

La *pompe* est une machine à élever les liquides. La plus commune est la *pompe aspirante.* Elle a un *piston* creux, à *soupape.* Quand on le lève, la pression diminue dans le *cylindre* ou *corps de pompe* et l'eau y monte. Quand on le baisse, la soupape du bas se ferme et l'eau prisonnière traverse le piston pour s'écouler au dehors.

Il y a d'autres pompes, pompe aspirante et foulante, pompe à incendie, pompe rotative, etc. Dans cette dernière un moulinet comme celui du tarare, en tournant très vite, aspire l'eau par son milieu et la refoule par ses extrémités.

Le *siphon* est un tube coudé, à branches inégales qui sert à transvaser les liquides.

Devoirs. — I. Description d'une pompe vue. — II. Comment la pompe élève-t-elle l'eau ? — III. La pompe à incendie. — IV. Construction d'un siphon (noyau et brins de paille).

14ᵉ LEÇON

Le carbone. — Carbone dans les matières animales et végétales. — Combustion produite.

Le *charbon* ou *carbone* existe partout dans la nature. Le charbon de bois, le noir animal, le noir de fumée, la mine de plomb, le diamant, la houille sont du charbon. Il forme la plus grande partie du végétal et de l'animal.

Il s'unit avec l'oxygène de l'air en donnant de la chaleur et de la lumière, du *feu*. C'est pourquoi nous employons des matières riches en carbone pour nous éclairer (la bougie) et pour nous chauffer (le bois).

En brûlant, le carbone produit deux gaz : l'*oxyde de carbone*, qui est un poison terrible, et l'*acide carbonique*.

Devoirs. — I. Combustibles. — II. Le chauffage et son hygiène. — III. L'éclairage et son hygiène. — IV. Fabrication du charbon de bois. — V. Un morceau de houille raconte son histoire.

15ᵉ LEÇON

L'acide carbonique.

En se combinant à l'oxygène, en brûlant, le charbon forme un gaz, *l'acide carbonique*. Ce gaz est incolore, inodore et d'une saveur aigrelette. Il est plus lourd que l'air et se dissout dans l'eau. Plongés dedans, une allumette s'éteint, un oiseau meurt.

Les foyers, les fermentations, la respiration, les volcans, en jettent de grandes quantités dans l'atmosphère. Nous verrons plus tard que les végétaux en prennent la plus grande partie.

Un autre gaz, produit par les foyers qui ne tirent pas bien, *l'oxyde de carbone*, est un poison terrible.

Notre santé exige que nos habitations soient bien ventilées et que les cheminées fonctionnent bien.

Devoirs. — I. L'acide carbonique, boissons gazeuses. — II. Expériences qui vous ont été faites ou décrites concernant l'acide carbonique (la bougie qui s'éteint, le vigneron dans sa cuve, la Grotte du chien, etc.).

16ᵉ LEÇON

Oxydes, acides, sels. — Le sel.

En se combinant avec l'oxygène, les corps forment des *oxydes*. Tels sont : l'*oxyde de carbone*, la rouille ou *oxyde de fer*, la chaux ou *oxyde de calcium*, la potasse ou *oxyde de potassium*, etc.

Certains de ces oxydes en attaquent d'autres. Les premiers sont des acides (acide carbonique, acide sulfurique, acide azotique, acide phosphorique). Les seconds sont appelés *bases*. Leur combinaison produit des sels : la craie ou *carbonate de chaux*; le vitriol bleu ou *sulfate de cuivre*, le salpêtre ou *azotate* (nitrate) *de potasse*, etc.

Certains acides comme l'acide chlorhydrique, n'ont pas d'oxygène. L'acide chlorhydrique, avec les bases, forme des *chlorures*, tels que le *sel ordinaire ou chlorure de sodium*.

— Le sel ordinaire se trouve dans l'eau de la mer *(sel marin)* et dans la terre *(sel gemme)*.

Outre son utilité pour l'alimentation et la conservation des viandes, il est employé dans de nombreuses usines qui produisent des *sels de soude* (carbonate), la *soude*, le *sodium*, le *chlore* et les *chlorures*.

Devoirs. — I. Nommez les sels que vous connaissez (après préparation au tableau noir). — II. Le sel ordinaire. — III. Un marais salant. - IV. Conservation des substances alimentaires par le sel.

17ᵉ LEÇON

Chaux. — Plâtre.

Le *carbonate de chaux* est très abondant dans la nature : *calcaire du sol, craie, marbres, pierre de taille, pierre à chaux*, etc. Chauffé fortement, il se décompose en *acide carbonique* qui se répand dans l'atmosphère et en *chaux vive* que l'on recueille.

Mouillée, la chaux vive s'échauffe et devient une poudre blanche, la *chaux éteinte*. Le *lait de chaux* est de la chaux éteinte délayée dans l'eau. La chaux mêlée à du sable forme une pâte, un *mortier*, qui durcit à l'air et sert journellement dans les constructions.

La *pierre à plâtre* est commune dans les environs de Paris où se trouvent de nombreuses plâtrières.

Chauffée et réduite en poudre, c'est le *plâtre des maçons*. Pétri avec de l'eau ce plâtre ou *sulfate de chaux* forme une pâte qui durcit en séchant.

L'eau ordinaire dissout un peu de chaux, de carbonate et de sulfate de chaux.

Devoirs. — I. Calcaires divers. — II. La chaux, fabrication, usages. — III. Le plâtre. — IV. Visite à une maison en construction, à un four à chaux, à une plâtrière.

NOVEMBRE

18e LEÇON

Chaleur. — Dilatation.

Quand on chauffe un corps *solide*, *liquide* ou *gazeux*, il se *dilate*. Quand on le refroidit, il se *contracte*. Ces phénomènes ont lieu avec une grande force.

Un corps diminue de volume en se refroidissant. L'eau fait exception. Au-dessous de 4°, elle augmente de volume. C'est pour cette raison que la glace flotte sur l'eau et qu'elle fait éclater les tuyaux, les réservoirs et les pierres tendres.

Devoir. — I. Vous avez vu le maréchal cercler de fer une roue de voiture. Racontez l'opération.

19e LEÇON

Le thermomètre.

On mesure la *température* d'un corps, c'est-à-dire son degré de chaleur ou de froid, avec un *thermo-*

mètre. Il est formé d'un tube très fin terminé par un renflement dans lequel on a enfermé un liquide, *alcool* ou *mercure*. Le liquide de l'appareil se *dilate* par la chaleur et *monte* dans le tube. Par le froid, il se contracte et par suite descend.

On marque 0 à la température de la *glace fondante* et 100 à celle de l'*eau bouillante*. On divise l'intervalle en 100 parties égales que l'on appelle *degrés*. On continue la graduation au-dessus de 100° et au-dessous de 0°.

Devoirs. — I. Le thermomètre. — II. A quoi sert le thermomètre. Quelques températures observées.

20ᵉ LEÇON

Conductibilité.

La chaleur se propage plus ou moins facilement à l'intérieur des corps. Les uns, le cuivre, le fer, tous les métaux, la conduisent bien : ce sont des corps *bons conducteurs*. D'autres, comme l'eau, le charbon, le bois, l'air, la conduisent moins bien : ce sont des corps *mauvais conducteurs*.

Les applications de la *conductibilité* sont très nombreuses : vêtements, enveloppes de tuyaux, manches de bois, etc.

Devoirs. — I. Une expérience sur la conductibilité. — II. Quelques applications de la conductibilité.

21ᵉ LEÇON

La vapeur d'eau.

L'eau se change en vapeur de deux manières : rapidement, par *ébullition* ; lentement, par *évaporation*.

BIBLIOTHÈQUE NATIONALE

Elle bout à 100 degrés. Sa vapeur peut être refroidie et redevenir de l'eau plus pure que la première. C'est l'opération de la *distillation*.

La vapeur d'eau est très forte et d'autant plus qu'on la chauffe davantage. De là son emploi dans les moteurs à vapeur.

22ᵉ LEÇON

La machine à vapeur.

La force de la vapeur d'eau est utilisée dans les moteurs ou machines à vapeur.

Chacune de ces dernières comprend deux parties : le *générateur*, qui produit la vapeur, et le *moteur*, qui l'utilise.

Les organes principaux du générateur sont : le *foyer*, la *chaudière tubulaire*, la *pompe d'alimentation*, le *manomètre*, la *soupape de sureté*.

Ceux du moteur sont : le *cylindre* et son *piston*, la *bielle*, la *manivelle*, le *volant*, le *régulateur* et surtout le *tiroir*.

Il y a encore des moteurs à gaz, à pétrole, à air comprimé et des moteurs électriques.

Devoirs. — I. Décrire une machine à vapeur vue. — II. Les moteurs à vapeur, locomobiles, locomotives, machines marines ; petits et grands moteurs (après recherche et lecture). — III. Décrire un organe quelconque du moteur.

23ᵉ LEÇON

La lumière.

Les corps lumineux (soleil, étoiles, charbon ou métal incandescents, etc.) donnent de la *lumière*.

Celle-ci suit la *ligne droite* ; sa trace est un *rayon lumineux*. Certains corps se laissent traverser par elle ; on les dit *transparents*. Tels sont, le verre, l'eau, la corne, etc. Les autres sont *opaques*.

La lumière parcourt 300.000 kilomètres par seconde.

La *chambre noire* donne des images petites et renversées des objets qui sont placés devant l'ouverture.

24ᵉ LEÇON

Réflexion de la lumière.

Quand un rayon lumineux rencontre une surface polie, il ricoche, il se *réfléchit,* comme on dit. C'est le phénomène de la *réflexion* de la lumière.

La surface polie est un *miroir.* Il y a des miroirs *plans* comme nos glaces ordinaires et des miroirs *courbes.*

La réflexion de la lumière a lieu selon un angle déterminé.

Devoirs. — 1. Décrire une expérience sur la réflexion de la lumière.

25ᵉ LEÇON

Réfraction de la lumière

Les rayons lumineux sont encore déviés quand ils traversent les corps transparents. C'est le phénomène de la *réfraction.*

Il est utilisé dans les *lentilles* et dans les *prismes.*

Avec les lentilles de cristal, on *concentre* les rayons lumineux où on obtient des *images.*

Avec les prismes le rayon lumineux se trouve décomposé et donne les sept couleurs suivantes, qui sont celles de l'arc-en-ciel : *violet, indigo, bleu, vert, jaune, orangé, rouge.*

Devoirs. — I. Une expérience sur la réfraction. — II. Expériences faites avec une lentille biconvexe. — III. L'arc-en-ciel (avec préparation, spectre solaire).

26e LEÇON

Lunettes.

Avec des lentilles seules ou groupées, on fait des instruments très utiles pour augmenter la puissance de notre vue. Tels sont :

La *loupe* et le *microscope*, qui servent à voir et à étudier les corps très petits comme les microbes ;

Le *télescope*, avec lequel on observe les astres ;

Les *lunettes* de nos frères ou de nos grands parents, etc.

Notre œil lui-même est un instrument d'*optique* très parfait, ayant une lentille, le *cristallin* et une chambre noire dans laquelle se forment les images des objets que nous observons.

27e LEÇON

Le son.

Le *son* est produit par la vibration des corps et transmis par l'air. Les liquides et les solides transmettent aussi les sons.

Le son parcourt 340 mètres par seconde ; il

peut être renvoyé par un obstacle et former *écho*.

Les sons diffèrent par la *hauteur*, l'*intensité* et le *timbre*.

On ne chante bien que quand on chante juste et avec expression.

Devoirs. — I. L'écho. — II. Instruments de musique que vous connaissez.

28ᵉ LEÇON

L'électricité.

Les corps frottés attirent les corps légers par suite de l'*électricité* développée.

Certains corps comme le sol, notre corps, l'eau, les métaux sont *bons conducteurs* de l'électricité. D'autres sont *mauvais conducteurs* et servent d'*isolateurs* : l'air sec, la soie, la résine, le verre, la paraffine, etc.

On distingue deux électricités : l'électricité positive et l'électricité négative.

Deux corps chargés d'une *même électricité* se *repoussent*. Ils s'*attirent*, au contraire, quand ils sont *d'électricités différentes*.

Devoirs. — I. Expériences sur l'électricité.

29ᵉ LEÇON

La foudre. - Le paratonnerre.

Les deux électricités peuvent s'unir en donnant une étincelle plus ou moins forte, plus ou moins grande et qui produit un bruit plus ou moins fort. Dans un orage, l'étincelle est l'*éclair* et le bruit est le *tonnerre*. La *foudre* est l'éclair jaillissant entre les nuages et la terre.

Les pointes et les toiles métalliques neutralisent l'influence de l'électricité. De là l'emploi du *para-tonnerre* imaginé par Franklin.

En temps d'orage, ne pas montrer une crainte ridicule, mais éviter les courants d'air (courses, fenêtres ouvertes) et le voisinage des objets élevés non munis de paratonnerres (arbres, clochers, etc.).

Devoirs. — I. Décrire un orage. — II. Précautions à prendre en temps d'orage. — III. Curieux effets de la foudre (après préparations et lectures diverses et sur exemple si l'on a pu en voir un).

DÉCEMBRE

30ᵉ LEÇON

Les aimants.

Un *aimant* est un morceau d'acier ou d'un minerai de fer particulier qui attire le fer. Cette propriété est appelée *magnétisme;* elle ressemble beaucoup à l'électricité.

On aimante un morceau d'acier en le frottant sur un aimant.

Une *boussole* est une aiguille aimantée suspendue. L'une de ses extrémités (bleue) se dirige toujours vers le nord. Elle sert surtout aux naviga-teurs.

Devoirs. — I. Rappelez quelques-unes des expériences que vous avez vues, à propos des aimants. — II. La boussole, description.

31° LEÇON

La pile. — Le courant.

Un vase contenant de l'eau acidulée, une lame de zinc et une lame de cuivre séparées est un *élément de pile*. Un certain nombre d'éléments forment une *pile électrique*.

La pile est une source d'électricité. Elle produit un *courant électrique*.

Le courant électrique : 1° dévie l'aiguille aimantée ; 2° décompose certains corps (argenture, dorure, galvanoplastie, etc.) ; 3° donne chaleur et lumière (éclairage électrique) ; 4° aimante le fer (électro-aimant) et l'acier ; 5° produit de l'électricité (dynamos, etc.) ou de la force (moteurs électriques).

Devoirs. — I. Décrire une pile vue. — II. Le courant électrique, ses effets et leurs applications.

32° LEÇON

Le télégraphe électrique.

Dans l'*électro-aimant*, le fer n'est aimanté que pendant le passage du courant. Les électro-aimants sont la partie essentielle de beaucoup d'appareils : sonneries électriques, télégraphes, etc.

« Le *télégraphe électrique* se compose d'une pile qui produit l'électricité, de fils qui la transmettent et d'un électro-aimant agissant sur un petit appareil qui montre des lettres ou écrit des signes ». (Lalanne et Bidault).

Devoirs. — I. L'électro-aimant, description et fonctionnement. — II. Décrire une sonnerie électrique. — III. Essai de description d'un télégraphe électrique 'simplifié. — IV. Les communications électriques : télégraphes, téléphone ; fils terrestres et câbles sous-marins.

33e LEÇON

La pesanteur. — Poids. — Densités.

Tous les corps tombent parce qu'ils sont attirés par la Terre. La force qui les attire est la *pesanteur*.

Le *poids* d'un corps est l'effort qu'il faut faire pour l'empêcher de tomber. On l'évalue avec des poids connus et des appareils appelés *balances*.

La *densité* d'un corps est le poids de l'unité de volume de ce corps. Quand on dit que la densité du plomb est 11,35, cela veut dire qu'un décimètre cube de plomb pèse 11 kilogr. 35. La densité de l'eau est 1.

Devoirs.— I. Expériences sur la pesanteur.— II. Description d'une balance. — III. Comment faire une pesée ? — IV. Comment trouver la densité d'un corps solide.

34e LEÇON

Pressions des liquides.

La surface d'un liquide en repos est *plane* et *horizontale*.

Dans les *vases communiquants* le liquide s'élève à la même hauteur dans tous. Les jets d'eau, les puits artésiens sont des applications de ce principe.

Les liquides *pressent* en tous sens le vase qui les renferme et les corps qui y sont plongés.

Ceux-ci subissent de bas en haut une poussée égale au poids de leur volume d'eau.

Devoirs. — I. Description d'un jet d'eau. — II. Vous attachez une pierre à une ficelle, vous le plongez dans l'eau à plusieurs reprises. Que remarquez-vous ? Pourquoi.

PIERRES & TERRAINS

35e LEÇON

Eléments du sol. — Calcaires.

Le sol qui nous porte est formé de différents corps, de *pierres*, de *roches*, de *minéraux*. Vous connaissez déjà la *terre arable*, l'*argile*, le *sable*, la *pierre à chaux*, la *pierre à plâtre*, le *grès*, l'*ardoise*.

On groupe aisément les minéraux du sol en pierres *calcaires*, pierres *siliceuses*, pierres *cristallisées*, *minerais*, *houille*, etc.

Les pierres *calcaires* sont faciles à distinguer : elles sont attaquées par les acides. Tels sont le *marbre*, la *pierre à chaux*, la *craie*, la *pierre lithographique*, l'*albâtre*, la *pierre de taille*, etc.

Devoirs. — I. Citez des minéraux. — II. Propriétés et usages de cinq (ou de dix) minéraux à votre choix.

36e LEÇON

Pierres siliceuses. — Pierres cristallisées.

Les pierres *siliceuses* sont extrêment dures. Elles ne sont pas attaquées par les acides. Le *grès*, le *silex* ou pierre à feu, la *meulière*, la *lave* des volcans sont des pierres siliceuses.

Les pierres *cristallisées* se présentent sous la forme de *cristaux*. Tels sont le *quartz* ou *cristal de roche*, les *pierres précieuses*, le *diamant* qui est du charbon cristallisé.

Certaines roches sont formées par la réunion de cristaux : *granit*, *porphyre*, *basalte*, etc.

Devoirs. — Citez les roches siliceuses ou cristallisées que vous connaissez.

37ᵉ LEÇON

Fer, fonte, acier.

Certaines roches renferment des *métaux*. On les appelle des *minerais*. Il y a des minerais de *fer*, de *cuivre*, de *plomb*, etc. Le minerai de fer est jaunâtre ou rougeâtre comme la *rouille*. On l'extrait dans des mines : on le trie, on le lave et on le met fondre dans des *hauts-fourneaux*. Le fer fondu s'y mélange avec 5 % de charbon. C'est de la *fonte*, cassante, dure, mais facile à fondre et à mouler.

Cette fonte chauffée dans un courant d'air et martelée, donne du *fer*. Avec le *laminoir*, on façonne ce fer en barres de toutes formes et en feuilles *(tôle)*. La *filière* en fait du *fil* de fer.

Le fer chauffé avec du poussier de charbon devient de l'*acier* (5 %₀ de charbon). Celui-ci se distingue du fer en ce que plongé chaud dans l'eau froide, il se *trempe*, devient élastique et très-dur. On en fait de nombreux outils, des canons, des ponts, des navires, etc.

Devoirs. — I. Histoire d'un clou. — II. Énumérez les objets que vous connaissez : 1° en fonte ; 2° en fer ; 3° en acier.

38ᵉ LEÇON

Cuivre, plomb, étain, zinc.

Le *cuivre* est un métal rougeâtre *(cuivre rouge)* qui sent mauvais quand on le frotte. A l'air humide, il se couvre d'une rouille verte qui est un poison. On en fait une foule d'objets. Les casseroles de cuivre doivent être bien propres et on n'y doit jamais rien laisser refroidir.

Le *plomb* est un métal brillant, grisâtre, lourd et mou. On en fait des tuyaux. Sa rouille est aussi un poison.

L'*étain* lui ressemble, mais il est moins lourd et sa rouille n'empoisonne pas. Aussi en fait-on des vases, des couverts, des feuilles pour envelopper le chocolat, etc.

Le *zinc* est plus dur et moins lourd encore. Il s'altère peu à l'air. On en fait des lames pour couvertures, pour gouttières, pour piles électriques. On en recouvre le fer *(fer galvanisé)*.

Le cuivre allié au zinc forme du *laiton* ou cuivre jaune. Le *bronze* est un alliage de cuivre et d'étain.

Devoirs. — Propriétés du plomb, du zinc, etc.; objets fabriqués, etc.

39ᵉ LEÇON

Métaux précieux : Or, argent, mercure, platine, aluminium.

L'*or* est jaune et très pesant. On le trouve surtout à l'état *natif*. Il est regardé comme le plus précieux des métaux. On en fait des monnaies, des bijoux et des plaques très minces ou feuilles pour dorer divers objets.

L'argent est blanc. Il sert aussi à faire des bijoux et des monnaies. Ses composés noircissent à la lumière. La *photographie* est basé sur cette propriété.

Le *platine* est blanc, très lourd et difficile à préparer. Il est presque inattaquable par les autres corps, ce qui le rend précieux pour les chimistes.

Le *mercure* est le seul métal qui soit liquide. C'est un poison violent ainsi que ses composés. Il dissout les autres métaux et sert ainsi à l'extraction de l'or et de l'argent.

L'aluminium est un métal blanc, très léger. Comme l'or, l'argent et le platine, il est inaltérable à l'air. L'oxyde d'aluminium ou *alumine* est la base de l'argile.

Devoirs. — I. Que savez-vous sur l'or et sur l'argent ? — II. Quel est, selon vous, le plus précieux des métaux ? Est-ce l'or ?

40ᵉ LEÇON

La houille.

« La *houille* est le résidu d'immenses forêts enfouies il y a un nombre prodigieux de siècles » (P. Bert). Elle est l'aliment indispensable de notre industrie et en particulier de la métallurgie et des machines à vapeur.

Chauffée en vases clos, elle donne un charbon poreux, le *coke*, du *gaz d'éclairage*, du *goudron*, etc. Ce goudron est la source de produits importants : *benzine, couleurs d'aniline, phénol*, etc.

« La *tourbe* est une houille très jeune et non enfouie » (P. Bert).

Devoirs. — I. Un morceau de houille raconte son histoire. — II. Énumérez plusieurs industries auxquelles la houille est indispensable. Ce « pain de l'industrie » est-il inépuisable ?

41ᵉ LEÇON

Les terrains.

Le calcaire, le sable, l'argile, etc., ne sont pas mélangés au hasard. Ils sont disposés par *couches* placées les unes sur les autres.

On admet que l'intérieur de la Terre est formé de matières en fusion. La partie extérieure ou *écorce terrestre* serait formée de ces mêmes matières refroidies, solidifiées, plus ou moins altérées par les eaux et disposées par elle en couches plus ou moins épaisses.

On étudie ces couches ou *terrains* en groupes distingués par les restes de végétaux et d'animaux (*fossiles*) qu'on y trouve.

Devoirs. — I. Vous avez déjà visité une carrière. Qu'y avez-vous vu ?

JANVIER

ZOOLOGIE

42ᵉ LEÇON

Divisions du règne animal.

Le règne animal comprend 4 grands groupes :

les *vertébrés*, les *annelés*, les *mollusques*, et les *zoophytes*.

Les vertébrés ont des os, un squelette et le sang rouge : cheval, oie, carpe.

Les annelés ont le corps formé d'espèces d'anneaux : guêpe, cloporte, ver.

Les mollusques ont le corps *mou*, souvent caché dans une coquille : limace, escargot, moule.

Les zoophytes ou *animaux-plantes* sont souvent formés de rayons partant du même point : étoile de mer, corail.

43ᵉ LEÇON

Divisions des vertébrés.

On divise les vertébrés de la façon suivante :

A. — *Animaux vivants et respirants toujours dans l'air :*

1° Animaux à sang chaud, allaitant leurs petits, des poils, 4 pieds généralement : *mammifères* (souris).

2° Animaux à sang chaud ; des œufs, des plumes, 2 ailes et 2 pattes : *oiseaux* (moineau).

3° Animaux à sang froid, peau chagrinée, plissée en *fausses écailles* : *reptiles* (couleuvre, lézard).

B. — *Animaux vivants et respirants d'abord dans l'eau puis dans l'air* ; peau nue : *batraciens* (grenouille).

C. — *Animaux vivants toujours dans l'eau* ; des écailles : *poissons* (carpe, anguille).

44ᵉ LEÇON

L'homme.

« L'homme est un mammifère », (P. Bert), qui

se distingue surtout des animaux par son intelligence.

Il y en a quatre races principales :

1° Les *blancs* européens : peau blanchâtre, cheveux plats et souples, nez droit.

2° Les *jaunes* asiatiques : peau jaunâtre, cheveux plats, durs et noirs, yeux obliques.

3° Les *noirs* africains : peau noirâtre, cheveux frisés, nez épaté.

4° Les *rouges* américains : peau de couleur rougeâtre.

Devoirs. — I. Portrait d'un nègre (sur image). — II. Portrait d'un chinois. — III. Faites voir comment l'homme se distingue des animaux (différences physiques, l'âme).

45° LEÇON

Singes. — Insectivores.

Les *Singes* ont 4 mains *(quadrumanes)*. Ils vivent surtout dans les pays chauds. On distingue comme groupes : 1° Les singes sans queue *orang-outang* (Asie), *Gorille* (Afrique).

2° Les singes à queue : *Atèles* (Amérique).

Les *Insectivores* se nourrissent d'insectes et par suite nous sont très utiles. Tels sont : le *Hérisson*, la *Taupe*, la *Musaraigne*, la curieuse *Chauve-souris*. Ne les détruisons pas.

Devoirs. — I. Vous avez vu un singe à la foire, décrivez-le. — Décrivez les insectivores que vous connaissez. Que savez-vous sur chacun d'eux ?

46ᵉ LEÇON

Carnassiers.

Comme leur nom l'indique, les *carnassiers* vivent de chair. Ils ont des griffes et des dents tranchantes. On distingue parmi eux :

1° Les *Chats* ou *Félins*, qui ont des griffes *rétractiles* : chat, lion, tigre.

2° Les *Chiens*, dont les griffes ne sont pas rétractiles : chien, loup, renard.

3° Les *vermiformes*, au corps très allongé, belette, fouine.

Les ours, le blaireau, la loutre, sont encore des carnassiers.

Il faut en rapprocher des carnassiers marins, des mammifères aquatiques : le *Morse*, le *Phoque*, le *Marsouin*, la *Baleine*.

Devoirs. — I. Portrait de votre chat. Comparaison avec le chien. — II. Le chien, son utilité. — III. Que savez-vous des autres carnassiers.

47ᵉ LEÇON

Herbivores. — Rongeurs. — Jumentés.

Presque tous nos animaux domestiques sont des *herbivores*. Ceux-ci se divisent principalement en :

1° *Rongeurs* : Lapin, lièvre, souris, écureuil, marmotte, castor, loir.

2° *Pachydermes*, à la peau très épaisse : éléphant, hippopotame, rhinocéros.

3° *Jumentés*, un seul sabot à chaque pied : cheval, âne, zèbre.

4° *Ruminants*.

Devoirs. — I. Le lapin. — II. L'écureuil. — III. Rats et souris. — IV. L'éléphant. — V. Le cheval. — VI. L'âne.

48ᵉ LEÇON

Ruminants.

Les Ruminants ont deux sabots à chaque pied. Comme leur nom l'indique, ils *ruminent*, c'est-à-dire mâchent deux fois leurs aliments. Leur estomac a plusieurs poches.

Les uns ont des *cornes pleines :* cerf, chevreuil, renne, daim, girafe.

D'autres ont des *cornes creuses :* bœuf, bison, mouton, chèvre, antilope.

D'autres enfin n'ont *pas de cornes :* chameau (2 bosses), dromadaire (1 bosse), lama (pas de bosse).

Cette famille comprend les animaux les plus utiles.

Les *Porcins* mangent de tout. Ils ne ruminent pas. Tels sont le porc et le sanglier.

Devoirs. — I. La rumination et les ruminants. — II. Nos animaux domestiques. — III. Le dromadaire. Animaux domestiques étrangers.

49ᵉ LEÇON

Les oiseaux.

« Les *Oiseaux* ont un *bec* corné, des *plumes*, deux *pattes*, deux *ailes*, et ils pondent des *œufs* » (P. Bert).

Leurs ailes sont des bras transformés avec lesquels ils peuvent *voler.*

Leurs pattes ont quatre doigts. Ils ont un estomac à trois parties. La 1ʳᵉ est le *jabot* qui emmagasine les aliments. La 3ᵉ est le *gésier* qui à l'aide de cailloux, les triture.

L'œuf comprend une coque pierreuse, le blanc ou *albumine* et le jaune avec le *germe*. Échauffé par la mère, *couvé,* il donne naissance à un oiseau semblable à elle. Les œufs sont déposés dans un *nid.*

Devoirs. — I. Description d'un poulet. — II. La couveuse. — III. Les nids des oiseaux.

50ᵉ LEÇON

Divers groupes d'oiseaux.

Les oiseaux se groupent principalement en :

1° *Rapaces,* au bec crochu, aux ongles longs et acérés, volant avec force et rapidité. Les rapaces *diurnes* sont nuisibles : aigle, vautour, faucon, épervier. Les rapaces *nocturnes,* chouettes et hiboux, sont utiles.

2° *Gallinacés,* au bec fort, aux ongles robustes, volant avec peine. Ils ressemblent à la poule : coq, dindon faisan, caille, perdrix.

3° *Echassiers,* pattes, bec et cou très long : héron, cigogne, grue.

4° *Palmipèdes,* pieds palmés : oie, canard, cygne, goéland, pélican, pingouin.

5° *Passereaux.*

Devoirs. — I. La chouette. — II. Que savez-vous sur les oiseaux domestiques.

51ᵉ LEÇON

Les Passereaux.

Les *Passereaux* comprennent les petits oiseaux qui ne rentrent pas dans les groupes précédents. Leur type est le *moineau.*

Leurs espèces sont très variées : pics, corbeaux, pies-grièches, fauvettes, mésanges, rubiettes (rossignol, rouge-gorge, etc.), gros-becs (gros-becs, bou-vreuils, pinsons, moineaux, etc.), hirondelles, alouettes.

Les passereaux ont souvent un joli chant et ils font des nids charmants.

Ils protègent nos récoltes en mangeant les in-sectes nuisibles. Honte à qui les détruit, honte au dénicheur !

Devoirs. — I. Le moineau, description, mœurs. — II. Utilité des petits oiseaux. — III. Les nids des oiseaux.

52ᵉ LEÇON

Reptiles.

Les *Reptiles* pondent des œufs sans coque et qu'ils ne couvent pas. On y range les *tortues*, les *sauriens* et les *serpents*.

Les *tortues* ont le corps court et enveloppé dans une boîte osseuse ou *carapace*. Elles ont un bec et quatre pattes courtes. Il y a des tortues de mer, de fleuves, de marais, de terre.

Les *sauriens* ont le corps allongé, sans carapace, avec quatre pattes courtes. Tel est le lézard, in-offensif animal de nos pays. Les crocodiles des pays chauds peuvent atteindre huit mètres et sont dan-gereux.

Les *serpents* ont le corps très allongé et sans pattes. Ils *rampent*. Les uns sont *venimeux* : vipère, serpent à lunettes de l'Inde, serpents à sonnettes de l'Amérique, etc. Les autres ne le sont pas : cou-leuvre, boa (12 mètres) des pays chauds.

FÉVRIER

53e LEÇON

Batraciens ou Amphibiens.

Les *Batraciens* ou *Amphibiens* subissent des changements de formes ou *métarmophoses*. Telle est la grenouille. De son œuf mou et gélatineux naît un *têtard*. Celui-ci a une grosse tête, une longue queue, pas de pattes, des *branchies* et vit dans l'eau. Peu à peu il lui pousse quatre pattes et il perd branchies et queue. C'est alors une grenouille qui vit dans l'air,

Les principaux amphibiens de notre région sont : la grenouille, la rainette, le crapaud, les tritons ou lézards d'eau, la salamandre.

Tous ces animaux sont utiles. Il ne faut pas les détruire. Le crapaud, en particulier, avale insectes, vers et limaces.

Devoirs.— I. Métamorphoses de la grenouille. — II. Le crapaud est-il utile ?

54e LEÇON

Poissons.

Les *Poissons* sont toujours *aquatiques*. Ils meurent quand on les sort de l'eau. Ils pondent des œufs petits, sans coque et très nombreux.

Leur corps, couvert de vraies écailles à diverses formes. Mais généralement c'est un fuseau aplati.

Les uns vivent dans l'eau douce : carpe, brochet, goujon, ablette, poisson rouge, etc. Les autres vivent dans la mer : hareng, sardine, morue, raie, requin, etc. Enfin d'autres voyagent, allant de la mer dans les cours d'eau : saumon, anguille, esturgeon.

Devoirs. — I. Description d'un poisson vu, d'un hareng par exemple. — II. Énumérez les poissons que vous connaissez et dites ce que vous en savez. — III. La baleine est-elle un poisson ? Pourquoi ?

55e LEÇON

Poissons (suite). **Espèces utiles et nuisibles.**

Un grand nombre de poissons servent à notre nourriture. Chacun connaît le hareng, la sardine, la morue, le maquereau, le thon, que nous consommons frais ou conservés le plus souvent : la sole et la limande, la raie, le congre, venus frais de la mer ; la carpe, la tanche, la brème, le goujon, le brochet, le saumon, la perche, la truite et l'anguille, pêchés dans les eaux douces.

Le requin est tristement célèbre par sa taille et sa férocité.

Les œufs des poissons, abandonnés à eux-mêmes, sont détruits en grand nombre. On a imaginé de les faire éclore dans des vases pourvus d'eau courante. Puis quand les poissons ou alevins sont assez gros, on les jette dans les cours d'eau. Tel est le but de la *pisciculture*.

Devoirs. — I. Description d'un établissement de pisciculture, sur image. — II. La pêche du requin (récit).

56e LEÇON

Annelés.

Les *Annelés* sont des animaux sans os, au corps

formé d'anneaux. Les principaux groupes d'annelés sont :

1° Les *insectes*, ayant 6 pattes, généralement 2 ou 4 ailes et la peau durcie. Exemple : le hanneton.

2° Les *araignées*, ayant 8 pattes et pas d'ailes. Exemple : l'araignée domestique.

3° Les *mille-pieds*, ayant beaucoup de pattes.

Tous ces animaux respirent dans l'air.

4° Les *crustacés* ayant 10 pattes, respirant dans l'eau *(branchies)*. Exemple : la crevette.

5° Les *vers* à peau molle et sans pattes. Exemple : le lombric ou ver de terre.

57ᵉ LEÇON

Insectes utiles et nuisibles.

Les *insectes* ont le corps formé de 3 parties : la tête, le thorax et l'abdomen. Ils ont 6 pattes et 0, 2 ou 4 ailes. Ils subissent de curieuses métamorphoses (œuf, larve, chrysalide, insecte parfait).

Les insectes utiles sont peu nombreux : abeille, ver à soie, coccinelle, carabe, cochenille, cantharide, ichneumons.

Les insectes nuisibles sont légion : hanneton, phylloxéra, sauterelle, pyrales, guêpes, fourmis, bruches, charançons, mouches diverses, etc.

Devoirs. — I. Description d'un insecte, à votre choix. — II. La vie d'un papillon. — III. Les abeilles. — IV. Le ver à soie.

58ᵉ LEÇON

Crustacés. — Vers.

Les *crustacés* sont aquatiques presque tous. Leur

corps est recouvert d'une croûte dure. Ils ont au moins 10 pattes. Les crustacés comestibles sont : l'écrevisse, la crevette, le homard, la langouste, le crabe. Le cloporte en est une espèce terrestre et nuisible.

Les *vers* sont des annelés, sans pattes. Tels sont : le lombric ou ver de terre ; la sangsue, employée en médecine, et les vers intestinaux qui vivent dans les intestins de l'homme et des animaux.

Lecture. — Migrations du Tœnia solium. Nécessité de bien faire cuire les viandes douteuses.

59ᵉ LEÇON

Mollusques.

Les *mollusques* ont le corps *mou* et non formé d'anneaux. Ils s'enveloppent généralement d'une croûte pierreuse ou *coquille*. Cette coquille a une pièce comme celle de l'escargot ou deux pièces comme celle de la moule.

Quelques mollusques sont nus : limace, poulpe ou pieuvre.

Les principaux mollusques comestibles sont l'huître, la moule et l'escargot.

La *nacre* est la partie intérieure de certaines coquilles. Les *perles*, qui sont très chères, sont de petites boules de nacre formées naturellement chez certaines huîtres (Inde).

Devoirs. — 1. Quels mollusques connaissez-vous ? Dites-en quelques mots.

Lecture. — La pêche des huîtres perlières.

60ᵉ LEÇON

Zoophytes.

Les zoophytes ou animaux-plantes ont le corps formé de parties disposées en étoile. *L'Étoile de mer,* les *Oursins,* l'Anémone de mer, la Méduse, les Polypes, le Corail et les Éponges appartiennent à ce groupe.

Il existe dans l'eau, où ils pullulent, des animaux plus petits, les *Infusoires.*

D'autres êtres, plus petits encore, qu'on n'aperçoit qu'avec de forts microscopes et que l'on range tantôt dans les animaux et tantôt dans les végétaux, ont reçu le nom de *microbes.* Certains d'entre eux causent des maladies contagieuses terribles. Nous devons à M. Pasteur d'avoir trouvé le remède à quelques-unes, la *rage,* le *sang de rate,* le *choléra des poules.*

MARS

PHYSIOLOGIE ANIMALE

61ᵉ LEÇON

Le mouvement. — Les trois facteurs. — L'os.

Les *mouvements* nécessitent trois choses que nous allons étudier : des os, des *articulations* et des *muscles.*

Les *os* sont les parties dures du corps. Ils sont formés de deux matières. L'une est vivante ; on l'appelle *cartilage, osséine.* L'autre est pierreuse ; elle est formée de carbonate et de phosphate de chaux.

On y distingue encore le *périoste* ou enveloppe et la *moelle* qui est isolée ou contenue dans la partie de l'os qui ressemble à une éponge pierreuse.

Devoir. — Utilisation des os.

62ᵉ LEÇON

Le squelette et les articulations.

L'ensemble des os du corps est le *squelette*. Le squelette soutient les organes, la chair : c'est la charpente du corps.

Les principales parties du squelette sont : 1º dans le *tronc*, la *colonne vertébrale*, les *côtes*, le *sternum*, le *bassin*; 2º dans la tête, le *crâne*; 3º dans les membres supérieurs les os de l'épaule, du bras, de l'avant-bras, du poignet et des doigts; 4º dans les membres inférieurs, les os de la cuisse, de la jambe, du pied et des orteils.

Le point où des os peuvent tourner l'un sur l'autre s'appelle *articulation*. Tels sont le cou, l'épaule, le coude, la hanche et le genou.

Dictée de révision pour tous ces mots, — Devoir sur le squelette.

63ᵉ LEÇON

Les muscles.

Les *muscles* sont la partie active du mouvement. Ils forment la *chair*. Ce sont des amas de fibres rouges qui ont la propriété de se raccourcir, de se *contracter*.

Les muscles font mouvoir la tête, les yeux, les lèvres, les mâchoires, les membres, etc.

Ils nous permettent de nous tenir debout, de marcher, de sauter, etc. Ils se reposent pendant notre sommeil.

L'exercice, la gymnastique les rendent souples et forts.

Devoirs. — I. Que vous rappelle le morceau de bœuf bouilli que votre maman met sur la table ? — II. Le mouvement. Ses trois instruments. Variété des mouvements. Conséquences principales (travail de l'homme, l'homme et les animaux comme moteurs).

64ᵉ LEÇON

La digestion. — Les dents.

Chaque animal, pour vivre, se nourrit, consomme des aliments. Ceux-ci sont transformés dans l'appareil *digestif* en substances utiles au corps : c'est là la *digestion*.

La *bouche* est la première partie de l'appareil digestif. Les aliments y sont divisés et broyés par les *dents* et imbibés de *salive*.

Les enfants ont 20 dents de lait, auxquelles succèdent 28 dents. L'homme fait a 32 dents : 4 incisives, 2 canines et 10 molaires à chaque mâchoire.

Les dents sont sujettes à des accidents qui en amènent la perte. Il faut les nettoyer souvent.

Devoirs. — Les dents.

65ᵉ LEÇON

Le tube digestif.

De la bouche, les aliments broyés descendent par l'*œsophage* dans l'*estomac*. Ils séjournent quelques heures dans cette grande poche, y subissent des transformations, puis sous forme d'une bouillie grise pénètre dans l'*intestin grêle* où leurs transformations s'achèvent. Ils arrivent enfin dans le *gros intestin.*

Le *foie* et le *pancréas*, glandes placées auprès de l'estomac produisent des liquides particuliers utilisés dans la digestion.

Devoirs. — Énumérer les parties de l'appareil digestif, vues, s'il est possible, sur un lapin.

66ᵉ LEÇON

Digestion et absorption.

Dans la bouche, la *salive* transforme l'amidon et la fécule en une matière sucrée, soluble dans l'eau, le *glucose.*

Dans l'estomac, le *suc gastrique* qu'il produit digère la viande, le blanc d'œuf, le gluten du pain, etc., et les transforme en une matière azotée soluble.

Le suc *pancréatique* complète l'action de la salive et du suc gastrique et dissout les corps gras.

La réunion des matières solubles produites par la digestion forme un liquide blanchâtre, le *chyle.* Celui-ci traverse les parois des intestins et par les *vaisseaux chylifères*, il est versé dans le sang.

Devoirs. — I. Voyage d'une bouchée de pain. — II. Votre frère se plaint d'avoir « *mal au cœur* ». Expliquez-lui en quoi il se trompe et rappelez-lui ce qui vous a été dit sur son indisposition.

67ᵉ LEÇON

Le sang.

Le *sang* est le liquide nourricier du corps. Ce liquide est jaunâtre et contient en très grand nombre des *globules rouges*.

A l'air, il se sépare en deux parties : le *caillot* contenant les globules emprisonnés et le *sérum*.

Le sérum du sang de certains animaux, convenablement préparé, est employé pour la guérison de certaines maladies telles que le croup.

Le sang voyage par tout le corps. Ce voyage est la *circulation* du sang.

Devoir. — Le sang.

68ᵉ LEÇON

La circulation.

Le sang est mis en mouvement par un muscle creux, le *cœur*. Il passe d'abord dans des tubes raides, les *artères* qui se ramifient extrêmement et deviennent des *vaisseaux capillaires*. Ces derniers le portent aux *veines*, tubes mous qui le ramènent au cœur.

Le cœur, en se *contractant*, chasse dans une grosse artère le sang amené par les veines. A chaque contraction correspond un jet de sang. On sent ce jet quand on appuie le doigt sur une artère : c'est le phénomène du *pouls*.

Devoirs. — I. La circulation du sang. — II. Plaies et hémorragies.

69e LEÇON

Appareil respiratoire.

Pour vivre, nous avons également besoin de *respirer*, d'introduire de l'air pur dans nos *poumons*.

Ce sont deux séries de petits sacs placés dans notre *poitrine*. L'air y parvient par la *trachée-artère*; celle-ci se divise en *deux bronches* qui elles-mêmes se ramifient beaucoup,

Chaque petit sac est enveloppé d'un *réseau capillaire* dans lequel circule le sang.

Le *sternum*, les *côtes* et le *diaphragme* jouent aussi un grand rôle dans la respiration.

Devoir. — L'appareil respiratoire.

AVRIL.

70e LEÇON

La Respiration.

« Une quinzaine de fois par minute » (P. Bert), notre poitrine s'élargit et l'air entre dans les poumons : c'est l'*inspiration*. Puis, la poitrine se rétrécit, l'air sort : c'est l'*expiration*.

Le sang des capillaires placés autour des *vésicules* laisse échapper de l'acide carbonique et de la vapeur d'eau, et ses globules prennent de l'*oxygène*. Ce sang amené *noirâtre* et *impropre à la vie* se trouve ainsi *revivifié* et *vermeil*. Il est alors ramené au cœur.

Nous devons veiller à ne respirer que l'air pur. Par suite nous devons *aérer* souvent nos logements.

71ᵉ LEÇON

Combustions organiques. — Chaleur.

L'oxygène pris par les globules du sang est cédé par lui aux *tissus*, aux chairs, aux organes traversés. Il y détruit, y *brûle* une foule de produits inutiles en donnant de la *chaleur*.

C'est ce qui fait que notre corps a une température d'environ 38 degrés.

Les mammifères et les oiseaux ayant une respiration active sont dits à *sang chaud*. Les batraciens et les poissons sont dits à *sang froid*.

Devoir. — Secours aux noyés.

72ᵉ LEÇON

Sensations. — Intelligence.

Chez l'homme et les animaux il existe un ensemble d'organes qui commande à tous les autres. Ainsi les mouvements des bras, des yeux, du cœur, des poumons, etc, sont sous sa dépendance.

Cet ensemble est le *système nerveux*, formé des *nerfs*, de la *moelle épinière* et du *cerveau*.

Il reçoit aussi par les *sens* les impressions venues du dehors.

Enfin il est le siège de l'*intelligence* et de la *volonté*.

73ᵉ LEÇON

Nerfs, moelle épinière, cerveau.

Les *nerfs* sont des filaments blanchâtres qui se trouvent dans toutes les parties du corps. Les uns transmettent les ordres de mouvement : ce sont les *nerfs moteurs*. Les autres reçoivent les impressions du dehors, les *sensations* : ce sont les *nerfs sensibles*.

La *moelle épinière* se trouve dans un tuyau formé par la colonne vertébrale. Les nerfs du corps y aboutissent.

Le *cerveau* est à l'extrémité supérieure de la moelle épinière. Il remplit la boite crânienne. Il est partagé en deux hémisphères. Chez l'homme la surface de ceux-ci présente de nombreux dessins.

« C'est dans le cerveau que réside l'*intelligence*, c'est là que se forment les *sensations* et les *idées*, c'est de là que part la *volonté* ». (P. Bert).

Devoir. — Que se passe-t-il quand par mégarde vous touchez le poêle brûlant ?

74ᵉ LEÇON

Les cinq sens (1ʳᵉ partie).

Les cinq sens sont : le *toucher*, le *goût*, l'*odorat*, l'*ouïe* et la *vue*.

« Le *toucher* a pour siège la *peau*, formée de deux couches, l'*épiderme* et le *derme*. Il nous donne les sensations de chaleur et de froid. »

Il nous donne par la main la notion de la forme des corps et de leur degré de poli ou de rudesse.

« Il faut tenir la peau propre et soigner sa chevelure. Les vêtements doivent laisser circuler l'air. »

« Le *goût* réside dans la *langue*. Il nous donne la notion des *saveurs*. »

L'odorat a pour organe le *nez*. « Il peut se perdre par l'abus des *odeurs* fortes. » (Lalanne et Bidault).

Devoir. — Résumer ce qui a été dit sur la peau. Soins divers.

75° LEÇON

Les cinq sens (2ᵉ partie).

L'ouïe a pour organe l'oreille. Le son transmis par l'air fait vibrer les membranes qui impressionnent le nerf *acoustique*.

La *vue* a pour organe l'*œil*, logé dans l'*orbite*, sous les *paupières*. C'est une chambre noire avec un verre grossissant, le *cristallin*. Les *images* des objets se forment sur l'épanouissement du *nerf optique*.

L'oreille et surtout l'œil sont des organes délicats dont il faut prendre le plus grand soin.

La *parole* nous distingue encore des animaux. Les sons se produisent dans un organe, le *larynx*, situé au haut de la trachée-artère. Ils sont ensuite modifiés par la bouche, les lèvres, le nez.

Devoirs. — I. Résumé sur les cinq sens.— II. La vue.

76ᵉ LEÇON

L'alcoolisme.

Les boissons fermentées, prises en petites quantités sont favorables à la santé. L'abus momentané produit l'*ivresse*, sorte de folie passagère. L'abus ou l'usage continuels des liquides qui renferment de l'alcool seul ou mélangé d'essences diverses produit l'*alcoolisme*.

L'alcool altère tous les organes intérieurs : estomac, tube digestif, foie, reins, cœur, cerveau. Au lieu de donner chaleur et force, il use le corps, le détruit et amène une vieillesse prématurée.

L'*alcoolique* a le plus souvent des troubles des sens, des tremblements, des hallucinations, des maladies diverses ; parfois il devient fou ou criminel ou il se suicide.

Il fait tort non seulement à lui-même, mais encore à ses enfants, à sa famille, à ses concitoyens, à la Patrie.

L'eau est la meilleure des boissons. Le café et le thé, moins économiques, ont une action bienfaisante sur la digestion et l'activité cérébrale.

Devoir. — I. L'homme ivre.

MAI

—

BOTANIQUE

77e LEÇON

Les végétaux.

Les *végétaux* vivent, c'est-à-dire naissent, grandissent et meurent, mais ils ne sentent pas et ne se meuvent pas volontairement.

Ils sont généralement de couleur *verte* (chlorophylle).

Ils ont des *racines*, une *tige*, des *feuilles*, des *fleurs* et des *fruits*.

Qu'ils soient herbes, arbrisseaux ou grands arbres, on les trouve partout. Il y en a dans la mer et sur la terre, jusqu'aux neiges éternelles des montagnes.

78e LEÇON

Germination.

La *germination* est la naissance d'un végétal. La

graine contient sous ses enveloppes : un *germe*, un ou des *cotylédons* et une réserve de nourriture pour la jeune plante *(albumen)*.

Si l'on place la graine dans un milieu *aéré* et suffisamment *humide* et *chaud*, le germe se développe en consommant l'albumen. Il montre successivement des racines, une tige et des feuilles. Le végétal est né et va vivre par lui-même.

Ainsi les trois conditions de la germination sont : l'humidité, la chaleur et l'air.

Devoirs. – I. Décrire à votre choix une expérience sur la germination. — II. La germination et ses conditions. – III. Analogie entre la graine et l'œuf (après copieuses explications). (Voir aussi 3ᵉ Livre encyclopédique Georges et Troncet p. 210).

79ᵉ LEÇON

Racine.

La *racine* est la partie du végétal qui s'enfonce dans le sol. Elle l'y fixe et y puise par ses *poils absorbants*, l'eau et les matières alimentaires.

Enfin elle est chez quelques plantes une réserve de nourriture que nous utilisons, carotte, navet, radis, etc.

Des racines peuvent se développer en divers points: ce sont les *racines adventives* (lierre). On en utilise la production dans le *marcottage* et le *bouturage*,

Devoirs. — La racine.

80ᵉ LEÇON

Tige

La *tige* surmonte les racines ; elle s'élève généralement en l'air, portant les feuilles, les fleurs et les fruits.

Tantôt elle est simple (palmier, blé, lis), tantôt elle se divise en branches et rameaux.

Elle est *dressée, grimpante, rampante* ou *souterraine* souvent longue, parfois très courte.

Elle est formée de l'écorce, du *bois* et de la *moelle*.

Entre l'écorce et le bois principalement circule la *sève* qui est comme le sang de l'arbre. La sève produit chaque année chez les arbres une couche de bois et une couche d'écorce.—La *greffe* utilise ce fait.

La tige porte des *bourgeons* qui donnent naissance à des branches ou des rameaux nouveaux.

Devoir. — La tige.

81ᵉ LEÇON

Les feuilles.

Les *feuilles* sont des lames vertes portées par la tige. Elles ont souvent un *pétiole* dont les divisions forment les *nervures*.

La sève peut aller des racines aux feuilles et inversement par la tige et le pétiole.

Une substance verte, la *chlorophylle*, donne aux feuilles avec sa couleur une propriété curieuse, celle de *décomposer l'acide carbonique de l'air*. La feuille fixe le carbone et rejette l'oxygène. Cette fonction est très importante : elle aide à l'alimentation du végétal.

En outre les feuilles *respirent* et *transpirent*.

Elles ont des formes très diverses.

Devoir. — I. Description d'une feuille. — II. Utilité des feuilles. — III. Forme des feuilles. Feuilles simples et feuilles composées.

82ᵉ LEÇON

La fleur.

Outre son *pédoncule* ou support, la *fleur complète* comprend 4 parties :

1° Un *calice*, formé de *sépales* verts, libres ou soudés ;

2° Une *corolle* formée de pétales libres ou soudés et de couleurs très variées ;

3° Des *étamines* produisant une poussière jaune, le *pollen ;*

4° D'un organe central, l'*ovaire*, renfermant de petits grains, les *ovules*, et surmonté du *stigmate*.

Il faut la présence du pollen sur le stigmate pour que les ovules et l'ovaire puissent se développer et devenir les premiers les *graines* et le second le *fruit*.

Certains végétaux n'ont pas de fleurs : fougères, mousses, champignons, algues.

Devoirs. — I. Description d'une fleur à votre choix. — II. Les fleurs, rôle chez la plante, utilité immédiate pour nous.

83ᵉ LEÇON

Les fruits.

Le *fruit* est l'ovaire développé dans lequel les *ovules* sont devenus les *graines* ou *semences*.

On distingue : 1° Les *fruits secs*, silique (navet), capsule (pavot), gousse (haricot) ; 2ᶜ les *baies* (raisin, groseille) ; 3° Les *fruits à noyau* (cerise) ; 4° les *fruits à pépins* (pomme) ; 5° des *fruits secs qui ne s'ouvrent pas* (orme, blé, fraisier).

La graine sert à reproduire, à *multiplier* la plante. On connaît les autres moyens de multiplications : marcotte, bouture, greffe.

Devoirs. — I. Le fruit, développement. Classification des fruits. — II. Utilité des fruits. — III. Conservation des fruits.

84ᵉ LEÇON

Palmier. — Monocotylédones et Dicotylédones.

Nos arbres ont un tronc conique qui se divise en branches, couvertes de rameaux qui sont nés de bourgeons. Ce tronc ou tige comprend une écorce, du bois en couches concentriques et de la moelle.

Les *palmiers*, grands arbres des pays chauds, sont tout différents. Leur tige ou *stipe* est cylindrique et surmonté d'un seul bouquet de feuilles énormes. Ils grandissent, mais ne grossissent pas. Tels sont le cocotier, le dattier, etc.

Les *monocotylédones* sont des plantes dont la graine a un *seul* cotylédon : lis, asperge, palmier, blé. D'autres ont deux cotylédons. Ce sont les *dicotylédones* : primevère, rose, radis, renoncule, chêne.

Devoir. — Décrire un palmier.

CLASSIFICATION VÉGÉTALE

85ᵉ LEÇON

Crucifères. — Labiées. — Légumineuses.

La Giroflée, la Julienne, le Chou et ses variétés,

le Radis, la Moutarde, le Cresson, sont des *Crucifères*.

L'Ortie blanche, le Lierre terrestre, la Sauge, le Thym, la Menthe, sont des *Labiées*.

Le Pois, le Haricot, le Trèfle, la Luzerne, le Sainfoin, le Pois de senteur, le Faux-acacia, la Glycine, sont des *Légumineuses*.

Devoirs. — I. Crucifères, caractères, utilité (cruc. alim., indust., ornem.). — II. Légumineuses (même plan).

86ᵉ LEÇON

Rosacées. — Composées. — Divers.

Le Rosier et la plupart de nos arbres fruitiers appartiennent à la famille des *Rosacées*.

Le Pissenlit, l'Artichaut, la Laitue, le Topinambour, la Marguerite, la Camomille, le Dahlia, le Bleuet, sont des *Composées*.

Les pays chauds nous donnent le *café*, le *thé*, le *cacao*, le *caoutchouc*, produits végétaux dont nous ne pouvons nous passer.

Devoirs. — I. Le chocolat. — II. Le caoutchouc, etc. (avec préparation spéciale).

87ᵉ LEÇON

Monocotylédones : liliacées, graminées.

Les Monocotylédones ont un seul cotylédon à la graine et les nervures des feuilles parallèles.

Leurs principales familles sont les *Liliacées* et les *Graminées*.

L'ail, l'Oignon, le Poireau, l'Asperge, le Lis, la Tulipe, sont des *Liliacées*.

Le Blé, le Seigle, l'Avoine, le Maïs, la Canne à sucre, le Bambou, sont des *Graminées*. L'herbe des pelouses, des prés, est formée de Graminées. Séchées, elles constituent le *foin*.

88ᵉ LEÇON

Plantes vénéneuses.

Certaines plantes sont vénéneuses, c'est-à-dire peuvent causer la mort.

Telles sont : la *Balladone*, la *Jusquiame*, le *Tabac*, la *Stramoine*, la *Ciguë*, l'*Aconit*, la *Colchique*.

Regardons tout ce que nous portons à notre bouche et surtout n'y portons jamais les objets, plantes, fleurs ou fruits que nous ne connaissons pas.

Devoir. — Plantes vénéneuses.

89ᵉ LEÇON

Bois et forêts.

Du règne végétal nous tirons des aliments, des boissons, des vêtements, des remèdes, des parfums.

Nous employons journellement les *bois* fournis par le tronc de nos arbres. On les classe en *bois de chauffage* et en *bois d'œuvre*. Ceux-ci comprennent : 1° des bois d'ébénisterie (buis, cornouiller, noyer, pommier, poirier, etc.) ; 2° des bois durs (chêne, frêne, orme, charme, acacia, hêtre) ; 3° des bois blancs (peuplier, saule, tremble, bouleau, tilleul) ; 4° des bois résineux (pin, sapin, mélèze, cèdre).

Les *forêts* sont donc extrêmement utiles. En outre sur les terrains élevés, dans les montagnes, elles retiennent les terres qui, sans elles, seraient emmenées par les pluies.

90° LEÇON

Cryptogames ou plantes sans fleurs.

Les *Fougères*, les *Mousses*, les *Algues*, les *Champignons* et les *Lichens* sont des *Cryptogames*, des plantes sans fleurs visibles.

Leur vie est très curieuse. Leur semence s'appelle *spore*.

Les Champignons sont dépourvus de chlorophylle. Certains sont alimentaires : Morille, Cèpe, Chanterelle, Champignon de couche. Beaucoup sont suspects et quelques-uns *extrêmement vénéneux*.

Il ne faut consommer que ceux que l'on connaît bien et seulement quand ils jeunes.

Certains *microbes* attaquent les végétaux cultivés leur causant des maladies parfois redoutables : *oïdium* et *mildiou* de la vigne, maladie de la pomme de terre, *rouille* des céréales.

Devoir. — Les Cryptogames.

TABLE DES MATIÈRES

Septembre-Octobre. — 17 LEÇONS.

Novembre. — 12° LEÇONS.

Décembre. — 12 LEÇONS.

Janvier. — 11 LEÇONS.

ZOOLOGIE

Mai. — 14 LEÇONS.

BOTANIQUE

BIBLIOTHÈQUE NATIONALE — IMPRIMÉS

www.ingramcontent.com/pod-product-compliance
Lightning Source LLC
LaVergne TN
LVHW012052030726
842523LV00002B/498